U0428383

图解动物的世界

金南吉◎文　丁一文◎图　刘　芸◎译

漓江出版社
桂林

图书在版编目(CIP)数据

图解动物的世界/(韩)金南吉 撰;丁一文 绘;刘芸 译. —桂林:漓江出版社,2013.8(2019.2 重印)
(我的第一堂科学知识课系列)
ISBN 978-7-5407-6603-0

Ⅰ.①图… Ⅱ.①金… ②丁… ③刘… Ⅲ.①科学知识-初等教育-教学参考资料 Ⅳ.①G623.6

中国版本图书馆 CIP 数据核字(2013)第 146640 号

策　　划:刘　鑫
责任编辑:刘　鑫
美术编辑:居　居

出版人:刘迪才
漓江出版社有限公司出版发行
广西桂林市南环路 22 号　邮政编码:541002
网址:http://www.lijiangbook.com
全国新华书店经销

晟德(天津)印刷有限公司印刷
开本:787mm×1 092mm　1/16
印张:7.25　字数:50 千字
2013 年 8 月第 1 版　2019 年 2 月第 4 次印刷
定价:35.00 元

前言

世界上有各式各样的动物。人类没见过的以及至今还没有被发现的动物，就多达数百万种，所以我们在动物园看到的，或那些常见的动物，只不过是一小部分而已。

动物经过很长时间的进化后，拥有了独特的生存之道。相对地，不管是何种原因，只要进化失败的动物，必定会面临灭绝的命运，就像中生代的恐龙与新生代的猛犸象（又称长毛象）那样。所以我们可以说，至今生存在地球上的动物都是非常勇猛的伟大物种，因为它们克服了各式各样险恶的环境。

在人类登上地球舞台之前，地球是所有动物的栖息地，动物们无需担惊受怕，自由自在地各过各的生活。但是自从地球上出现人类之后，动物与人类之间发生了不可避免的战争，从此改变了动物的命运。人类开始制造工具，并以征服者的姿态君临地球，动物成为人类肉食供应的来源，任人宰割。如今工业发达，动物们的栖息地遭到破坏，逐渐被逼进死角，再加上气候变迁，越来越多的动物面临着灭绝的危机。

其实人类与动物有密不可分的关系，如果有一天动物都灭绝，人类也无法在这地球上生存。你知道为什么吗？很多大小动物都扮演着帮助植物传粉授精的角色，有的动物甚至还可以把植物的种子散播到遥远的地方。可是如果有一天，动物全都灭绝，这一关系消失，植物就无法繁衍。当植物无法繁衍时，人类赖以维生的植物性粮食便会消失，我们很快就会面临缺粮的问题。

本书从地球历史的角度，全面地介绍动物与人类的关系，希望读者能从本书获得更多的知识。

金南吉

目录

植物与动物

地球是个飘浮在无边无际宇宙里的行星，与浩瀚无穷的宇宙相比，地球就像看不见的灰尘一样渺小。现在我们就用宇宙显微镜来看看这颗灰尘吧！哇！灰尘里有数不清的生物！而且它们熙熙攘攘地挤在一起，其中还包括属于人类的我耶！

地球上的生物大致可分为两大族群，一个是在固定位置上不能任意移动的植物群，另一个是可以自由自在活动的动物群。植物群把根深入土里，再用绿油油的身体覆盖大地；而动物群则在森林里与草原上，跑来跑去地忙着寻找食物。

生产者植物，消费者动物

植物群基本上扮演生产者的角色，会结出果实，撒出种子繁衍子子孙孙，于是草食动物（蓝色字体书后有名词解说）就成为第一级消费者，第一级消费者又被第二级消费者肉食动物捕食，第二级消费者则又被力气更大的肉食动物（第三与第四级消费者）吃掉。例如叶子（生产者）被毛毛虫（第一级消费者）吃掉，毛毛虫被鸟（第二级消费者）吃掉，鸟被黄鼠狼（第三级消费者）吃掉，黄鼠狼又成为猫头鹰（第四级消费者）的晚餐。

小常识

分解者

食物链中还有另一个重要的角色——分解者，比如细菌或一些腐食性动物（如白蚁、蚯蚓等），能够分解动植物尸体中的有机物，并且利用其中的能量，将有机物转化为无机物，供植物再利用。

那没有天敌的最上层消费者呢？死后尸体被其他肉食动物吃掉，或自然分解成有机物渗入土里，被植物群用根吸收，成为茁壮的养分。植物与动物就像这样，在自然界里形成了食物链的关系。

那么请问，如果地球上的生产者不见了，会发生什么事呢？包括人类的所有动物全都要灭绝了，因为不论草食动物或肉食动物，所吃的食物全都是由植物直接或间接供应的。

来！把动物分一下类吧！

地球上有像大象一样体积庞大的动物，也有用肉眼看不见的小动物，大家热热闹闹生活在一起。科学家对动物进行分类时，首先以有没有脊椎来分类，有脊椎的称为脊椎动物，没有脊椎的称为无脊椎动物。

脊椎动物家族

在分类学上属于脊索动物门，脊索（有一些会再进化成骨质的脊椎）位于身体的中轴，有支撑身体的功能，使内脏得到有力的支持和保护，肌肉也获得坚强的支点，能更有效地完成定向运动，对于主动捕食及逃避敌害都更为迅速准确。脊椎动物除了要有脊椎之外，还要有左右对称的肌肉，这也是脊椎动物的一大特征。我们来看看这个家族有哪些成员吧！

哺乳类

分类学上称为哺乳纲，指哺喂母乳来养育幼仔的动物，约有 5000 多种，其中体型最大者为身长 30 米以上的蓝鲸，也有小到只有 3 厘米的猪鼻蝠（又称为大黄蜂蝙蝠）。哺乳纲中智慧最高的为灵长目，包括猴子、黑猩猩、红毛猩猩、大猩猩等类人猿，以及我们人类。脊椎动物大多数属于胎生，至于鸭嘴兽虽然是卵生，可是它的幼仔也吃母乳，所以称为卵生哺乳类。

鸟类

分类学上称为鸟纲，指长有喙、羽毛及翅膀的动物。除此之外，它们还会生蛋，并长有两条腿，包括不会飞的鹬鸵、鸵鸟。它们的爪子大部分是分开的，唯有栖息在水中的呈蹼状。

爬虫类

分类学上称为爬虫纲，皮肤坚硬无毛，覆有鳞片。体温会随着环境的温度而变化，属于变温动物，所以天气寒冷时，行动就会变得迟缓；为了使体温升高，常喜欢在阳光下做日光浴。此类动物有蜥蜴、乌龟、鳄鱼、变色龙、绿鬣蜥、蛇等。世界上体积最庞大的爬虫类，就是在中生代灭绝的恐龙。

● 两栖类

分类学上称为两栖纲，不仅生长在水里，而且生活在陆地上。皮肤湿润又光滑，幼仔在水里孵化，靠鳃呼吸，等长大上岸后，改用皮肤与肺呼吸。全世界约有 6000 多种两栖类，其中最具代表性的有青蛙、蟾蜍、蝾螈等，可是目前有 2000 多种（约占总数三分之一）的两栖类动物濒临灭绝的危机。

● 鱼类

地球上的鱼全都属于此类。长有鳞与鳍，并利用鱼鳔调节呼吸来上浮或下沉。生长在溪水、湖水、水坝、江河的种类称为淡水鱼，生长在咸水的种类称为海水鱼，而像鲑鱼与鳗鱼等在河水与大海间来回的种类称为洄游性鱼类。

无脊椎动物家族

此类占全世界所有动物的 90% 以上，换句话说，除了脊椎动物外，所有的动物都属于无脊椎动物。无脊椎动物与脊椎动物相比，既没有骨骼，器官发展得也不够完整，总被视为低等动物。但是动物不是以高低来分类的，每个生物的不同，只在于它们是以简单还是复杂的过程发展而成。无脊椎动物至今还有无数没被发现的种类。我们现在就来认识七种具有代表性的无脊椎动物吧！

刺胞动物

身体里有个大大的胃，口器就是肛门，肛门就是口器。所以吃东西时是口器，吐出残渣时就变成肛门。这类动物有珊瑚、水螅、海葵、水母等。

节肢动物

腿上的每一节都可以弯折，外壳由骨化后十分坚硬的几丁质组成。这类动物有蜈蚣、蚂蚁、蝎子、虾、蟹等。

软体动物

身体软绵绵，全身上下都是肉，活动起来非常柔软。这类动物包括鱿鱼、章鱼、贝类、蜗牛、鲍鱼等。

棘皮动物

外皮上有刺或突起物。这类动物包括海胆、海星、海参等。

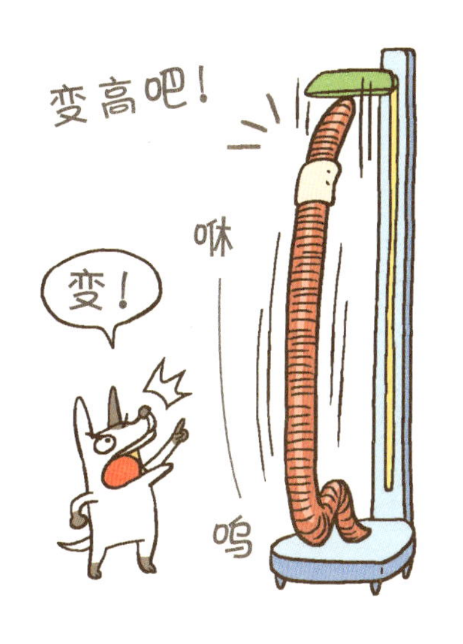

环节动物

身体又圆又长的动物。因为身体由体节构成，所以伸缩自如。最具代表性的动物有蚯蚓、沙蚕、蚂蟥（又称水蛭）等。

扁形动物

身体扁平，就算部分身体被切掉仍然可以存活。体形小至0.1厘米，大可达25厘米，大部分为雌雄同体，没有呼吸系统、循环系统，有口无肛门。这类动物有生长在小溪的涡虫，以及寄生在动物体内的绦虫与吸虫等。

小常识

从扁形动物到脊椎动物

所有动物中，扁形动物最先具有肌肉的构造、消化系统、神经系统，这使得它们的身体看起来有明显的前、后、左、右以及正面和背面的分别。有些科学家认为后来的脊椎动物能有现在的形状，都是从这种原始动物慢慢进化而来的。

● 原生动物

靠一个细胞生存的原始动物。基本上原生动物用肉眼是看不到的，不过体型大的还是可以看得到。这类动物包括草履虫、变形虫、喇叭虫、钟形虫等。在水里的原生动物以浮游生物的形态生存着，成为小鱼的食物。

经记录的原生动物约有5万种，其中大约有2万种为化石种。有些物种介于植物和动物之间，例如眼虫，因为它们能进行光合作用，又能运动，并且像动物那样进食。

动物的进化

1859 年英国生物学家达尔文（Charles Darwin，1809~1882）出版了《物种起源》，这本书主要是主张“所有生物为了适应生存的环境而进化”的进化论，书中还提到人类是由猿猴进化而来的。这本书一出版，立刻引起轩然大波，那些相信人类是由上帝创造的创造论者，严厉地批评进化论是胡说八道。

但是经过时间与科学的证实，达尔文的进化论是正确的。例如生长在加拉帕戈斯（Galápagos）群岛的达尔文雀，为了适应不同的食物来源，而有着不同形状、尺寸与高度的鸟喙，便成为进化论的重要证明。

想活就要适应环境

进化论是以“生物为了适应环境而改变身体结构”为基础的“天择论”。也就是说长颈鹿的脖子会变得很长，不是因为要吃到高挂在树上的叶子，而是为了避免与其他动物抢吃叶子，才促使脖子逐渐变长。

那么请问，鲸鱼的祖先原本是生长在陆地上的哺乳动物，后来怎么会变成海里的动物呢？

小常识

进化论与《创世记》

西方国家的一些宗教团体认为进化论与创世理论有冲突，因此某些地区的学校甚至不能开设进化论的课程。有些地区虽开设进化论课程，却是与宗教团体妥协的结果。例如美国佛罗里达州虽然规定必须在公立学校教进化论，但仅能作为一种“可能的科学理论”。天主教对于进化论则持较为开明的态度。

鲸鱼的祖先若不是在陆地上觅食遭遇到很大的困难，就是天敌太多，只好逃离原本生长的环境。它们为了生存下来，必须寻找新的食物或藏身的地方，最后发现海里是个不错的安身之处。于是鲸鱼的祖先为了适应海里的生活，开始改变身体的结构，为了方便吞食海里的鱼，先把口部渐渐变大，接着为了在海里游泳，把前脚与尾巴改变成鱼鳍状，后脚则完全退化。

那么我们又是如何知道鲸鱼是哺乳类动物的呢？因为鲸鱼不像其他鱼一样用鳃来呼吸，而是通过头部上方的鼻孔以肺来呼吸，而且前鳍的骨骼像动物一样有关节。这些迹象证明了鲸鱼是从陆地进化到海里的动物。

进化论这种理论不只针对鲸鱼，也包括了所有动物。例如海狗的前后脚长成蹼状，鸵鸟的长腿可以跑得飞快，老鹰的眼睛视力超好，变色龙的皮肤伪装力超强等，都是动物为了在危机四伏的环境里生存，所做出的伟大进化。

环境筛选后的保护色

英国有种昆虫，让大家亲眼目睹了达尔文的进化论，它就是斑点蛾（学名为桦尺蠖）。斑点蛾原本是灰底带黑斑点的品种，到了18世纪末，英国工业革命后大量使用煤炭，结果煤烟把树木全都染黑了，这使得灰底的斑点蛾很容易被鸟发现而遭猎食，反倒黑底的斑点蛾比较容易生存下来。但是等环境改善后，灰底的斑点蛾较不容易被鸟类发现，反过来和从前一样，又可以常常见到灰底斑点蛾的踪影了。

小常识

“渐变”还是“突变”

达尔文的进化理论也存在某些局限性。比如，他过分强调了生物进化的渐变性，深信“自然界没有跃进”，只有当微小的变异积累为显著的变异时，才会形成新的物种。而现代进化论认为，生物的进化是渐进与跃进并存的过程。比如，以中国云南的澄江动物群为代表的“寒武纪大爆发”，就证明“突变”的现象也是存在的。

地球上最早的生物——蓝菌

想要仔细探究动物的祖先，写清楚它们的族谱，是非常不容易的一件事情。科学家们计算出地球年纪约有45亿～46亿岁。对很难活到100岁的人类而言，要从那遥远的年代里追溯生命的起源，简直是不可能的事情，就算科学家们动员目前所有的科技来全力调查，也只能推测出各种假设而已。

生物成长必须有四个条件，阳光、水、空气、土壤。地球进化至具备这四个条件后，便成为生物的温床，那么地球最早的生物是什么呢？

大部分科学家普遍认为"原核生物"是地球最早的生物，而在原核生物中打头阵的据说是蓝菌。蓝菌大约在35亿年前，出现在大海中，并与海里制造核酸的核苷酸，以及制造蛋白质的氨基酸结合后，形成核糖核酸（RNA）与脱氧核糖核酸（DNA），奠定了生命体的根基。

蓝菌早期称为蓝绿藻，被归入藻类，但近期发现因为它没有细胞核等等，与细菌非常接近，因此将它归入细菌域，是目前已知的最早进行光合作用的生物，在地球表面从无氧环境转变为有氧环境的过程中，扮演了重要的角色。

蓝菌进行光合作用后，获得能量制造氧气，给其他生物制造了一个可以活跃的空间。而氧气形成臭氧层，阻挡了强烈的阳光紫外线，接着变形虫、草履虫、绿球藻、团藻、喇叭虫等单细胞生物，一一登上地球的舞台。

在单细胞生物的世界里，除了那些会进行光合作用的单细胞生物可以自给自足之外，其余的单细胞生物则是互相吞食。如果两个细胞结合在一起时，可能因为比较大而不容易被吞食，而最重要的好处是许多细胞结合在一起时，才有分工合作的可能性，比较容易对抗恶劣的环境。

科学家们认为，蓝菌经过数亿年的进化与发展后，地球上诞生了多细胞生物。

各个地质年代的动物

地质年代的地壳剧烈变动，造成当时地球上的生物面对巨大的变化。问题是地质年代的大多数时期没有人类，也没有文字记载，所以只能根据地质来推测。地质年代大致可分为前寒

武纪、古生代、中生代、新生代。其中前寒武纪是由单细胞生物主宰世界的时代，大约在 46 亿年前到 5 亿 7000 万年前左右，占整个地球历史的 86%，而地球上所有动物们的祖先，在其余的三个时代，按照顺序一一登上了地球的舞台。我们现在就来看看地球上以前出现过哪些动物吧！

古生代动物

古生代（约 5 亿 7000 万年前 ~ 2 亿 2500 万年前）是动物还未完全进化的时代，大部分的无脊椎动物都是在这个时代出现。古生代大致可分为早古生代与晚古生代，古生代早期，原本被“泛古洋”包围的“盘古大陆”开始分裂；到了古生代晚期，陆地又彼此靠近，由于激烈的地壳运动，出现了许多巨大的褶皱山系。

● 早古生代

寒武纪：拉开古生代序幕的时代，海绵与水螅之类的多细胞动物一下子大量涌出，因此又称为“寒武纪大爆发”。这时候三叶虫也登场了，它是地球上首次出现的带硬壳的动物。

奥陶纪：气候温和，浅海广布，地球上许多地区都被浅海淹没，海生生物空前发展，比寒武纪更为繁盛。贝类、珊瑚类(纲)、软体动物（门）等的数量开始激增，尤其是喜欢群聚在一起的枝笔石、双笔石、四笔石、单笔石等笔石类（纲）大量繁殖。

志留纪：这个时代除了属于甲壳类的广翅鲎（板足鲎）登场外，还有陆地上最早的植物及鱼类的祖先甲胄鱼类（纲）也出现了。没有下巴的甲胄鱼类，头部与身体由骨板组成。到了志留纪晚期时，下巴骨骼发达的盾皮鱼类（纲）上场后，脊椎动物的时代来临了。

晚古生代

泥盆纪：腹鳍上有软骨组织的腔棘鱼在这个时代登场了。腔棘鱼最特别的就是利用腹鳍在海里行走，这个时代的腔棘鱼与各种甲胄鱼、盾皮鱼在海里称霸，所以又称为“鱼的时代”。除此之外，这个时代也是两栖类出现的时代。

石炭纪：树木与植物长得非常茂盛的时代，由于湿气比较重，两栖类大量繁殖，因此又称为“两栖类时代”，两栖类分布的范围非常广。在石炭纪里，有些两栖类爬上了陆地，爬虫类也正在经历进化的过程，同时森林里出现身长超过两米的巨蜻蜓，还有蟑螂的祖先也开始活跃起来。

二叠纪：小型爬虫类（主龙、盾甲龙、狼蜥兽等）在这个时代登场，部分爬虫类继续进化成鸟类与哺乳类，其中水龙兽是最具代表性的哺乳类型爬虫类。可是二叠纪晚期火山运动非常活跃，造成90%以上的海洋生物及70%以上的陆地生物消失，被称为“二叠纪大灭绝”。

中生代动物

中生代（2 亿 2500 万年前 ~ 6500 万年前）是恐龙称霸于海陆空的时代，所以又称为“爬虫类时代”。中生代开始时，各大陆再度连接成盘古大陆，到了中生代中期，盘古大陆又逐渐分裂成劳亚大陆（现今的北半球大陆）及冈瓦纳大陆（现今南半球大陆）；到了中生代晚期，劳亚大陆进一步分裂为北美

和亚欧大陆，冈瓦纳大陆分裂为南美、非洲、印度与马达加斯加、澳大利亚和南极洲，只有澳大利亚没有和南极洲完全分裂，开始有了现今陆地的雏形。

大致可分为三个“纪”的中生代，可说是恐龙的时代，却因地球大规模的自然灾难，体型庞大的恐龙一下子全都灭绝了。

三叠纪：海里的恐龙（幻龙、混鱼龙、秀尼鱼龙等）在这时数量大增，而陆地上用两腿走路的肉食性恐龙（始盗龙、黑瑞龙、虚形龙等）开始上场。目前推测它们很可能是恐龙的祖先——兔鳄的后代。

侏罗纪: 这个时代除了大大小小凶猛的肉食性恐龙（异特龙、斑龙、蛮龙、驰龙科等）与草食性恐龙（腕龙、剑龙、梁龙、肯龙）同时上场外，天空由翼龙（嘴口龙、多毛索德斯翼龙等）称霸。翼龙更进一步进化后，诞生了介于爬虫类与鸟类之间的“始祖鸟”。相对地在海里，与“鹦鹉螺”很像的菊石也开始大量地繁殖。

白垩纪：这是个恐龙全盛时期。肉食性恐龙（暴龙、特暴龙、棘龙、伶盗龙或迅猛龙、南方巨兽龙等）在陆地上全面称霸，而草食性恐龙（厚头龙、三角龙、原角龙、禽龙、甲龙等）则装备着各式各样的防御性武器来对付肉食性恐龙。

白垩纪后来发生恐龙大量灭绝及60%~70%海洋生物消失的事件，目前推测很有可能是因为小行星撞上了地球，由于大气层中的烟尘遮蔽了阳光，使得抵达地表的太阳能锐减，导致依赖光合作用的生物衰退或灭绝，连带影响草食动物及肉食动物的生存，而杂食动物、食虫动物及食腐动物则在这次灭绝事件中存活。灭绝事件过后，生态系统花了很长时间才恢复原本的多样性。

新生代动物

新生代（6500万年前～现在）在剧烈的火山活动后，南极大陆与澳大利亚大陆分裂开来。印度洋板块与亚欧大陆板块碰撞，造成阿尔卑斯山与喜马拉雅山隆起。

冰河期与间冰期在这一时代相互交替发生，导致陆地的面积越来越扩大，早就从爬虫类进化的动物也随着扩散，其中有袋类大量繁殖进化成不同种类，同时拉开了哺乳类全盛时期的序幕。此时最具代表性的哺乳动物长毛象，因为冰河期粮食不足的缘故而灭绝。

到了新生代晚期，人类（南方古猿→巧人→直立人→智人：尼安德塔人→克罗马农人）陆续登场，科学家从 DNA 与化石证明人类大约于 500 万年前起源于东非，具有高度发达的大脑，

加上直立的身体，让前肢可以自由活动，使得人类对工具的使用远超出其他任何物种，成为万物之灵。

动物的族谱

鱼类是我们的祖先?

地球上的脊椎动物都是从鱼类开始发展的，换句话说，从诞生的顺序来看，位于脊椎动物族谱最上面位置的是鱼类，因为两栖类是从鱼类进化而成的，两栖类再进化成爬虫类，爬虫类又进化成鸟类和哺乳类。

鱼类为什么是脊椎动物的祖先？因为大海是孕育最初生命的处所，在大海里诞生的所有生物，逐渐进化后爬上陆地，所以大家将大海称为“生命之母”。

所有动物都是这块栖息地繁衍的后代

鱼类要进化成哺乳类，需要经过很长的时间，这不代表哺乳类就是比鱼类更高等的动物。就如前面说的，我们把动物划分成高等动物与低等动物是错误的想法，就像大家普遍认为单细胞生物是低等生物，人类则是万物之灵，但这只是人类自我炫耀的看法而已。如今科学发达，我们却仍然常常被肉眼看不到的细菌感染，请问你还会觉得人类很聪明吗？也许这世界上最无知、最愚昧的动物，就是我们人类。

小常识

从水中到陆地

大约 10 亿年前，海洋中首先出现多细胞的藻及海苔。4.75 亿年前，第一种原始植物从绿藻进化并移至陆地上，沿着湖边生长。4.5 亿年前，节肢动物成为第一类移上陆地的动物，因为它们的外骨骼可以支撑身体及阻止水分流失，例如马陆、蜈蚣、蜘蛛及蝎子等。

每种生物都知道自己在什么样的环境下，要用什么方法活下去，这叫做本能，而人类往往无法跟得上生命的本能。

对动物而言，族谱没有任何意义，无论是卵生还是胎生，大家都在地球这块栖息地上一起生活，所以包括人类在内，撇开族谱，所有动物都是这块栖息地繁衍的后代。

动物住的地方

地球本身就是一座野生动物园，包括天空、陆地甚至南北极，都有动物栖息，其中最适合动物生长的环境是：没有天敌以及不被人类骚扰的地方。

最具代表性的北极动物

北极不同于南极，是一片大海而不是陆地，因此称为北冰洋，而不叫北极大陆。因为气温很低，大海经常结冰，长年不化的冰层占北冰洋面积的三分之二。

北冰洋最具代表性的动物为北极狐与北极熊。北极狐为了保持体温，耳朵较一般狐狸短小，到了冬天，全身覆盖着白色的毛，隐藏在雪地里，猎人不易发现。

北极熊的毛一年四季都是白色，把自己伪装得很好，蛰伏在雪地中等待猎物。北极熊不怕酷寒，主要是因为全身上下囤积着厚厚的脂肪。

北极燕鸥有种惊人的能力，那就是它们一年会来回南北两极一趟，这样长途飞行的目的是为了喂饱幼鸟。夏天时北冰洋周边开始融化，北极燕鸥在北极圈内的陆地海岸堆叠的石头上筑巢，等幼鸟渐渐长大，它们便带着幼鸟往南极飞去，并在那里度过夏天。

北极和南极的一年刚好分为两半，一半是夏天，一半是冬天。北极夏天时，南极正好是冬天，相对地，北极冬天时，南极刚好是夏天。北极燕鸥离开北极，往南极迁徙需要好几个月，因为沿途它们需要觅食及休息。而在这段往南飞的时间，南极刚好由冬天转为夏天，因此北极燕鸥在南极度过的这段时间又被称为“南极燕鸥”。

最具代表性的南极动物

南极不像北冰洋，它是结结实实的一块陆地，所以称为南极大陆，95%以上的面积被极厚的冰雪所覆盖，没有常住居民，只有少数科学考察人员轮流在几个考察站临时居住和工作。南极比北极还要寒冷，当暴风雪来袭时，气温可降到零下70摄氏度。在这酷寒的地方，还是有生命力坚韧的动物栖息，例如皇帝企鹅、阿德利企鹅、巴布亚企鹅（又译为绅士企鹅）等。

小常识

《南极条约》

南极大陆是地球上唯一一块没有常住人口的大陆，这个条约旨在约束各国在这里的活动，确保各国对南极洲的尊重。该条约中规定，南极洲是指南纬60度以南的所有地区，包括冰架，总面积约5200万平方千米。共有46个国家签署。条约的主要内容：南极洲仅用于和平目的，禁止在南极地区进行一切具有军事性质的活动及核爆炸和处理放射物，冻结目前领土所有权的主张，促进在南极洲地区进行科学考察的自由与国际合作。

企鹅为了在南极生存，把自己进化得很特别。它们全身覆盖防水的短羽毛，可以抵挡酷寒，保护身体。于是企鹅放弃飞行，让自己成为潜水高手，在海里自由自在地捕鱼，而且这身防水衣让企鹅们在长途跋涉时，只需要把肚子贴在冰上滑行，不仅节省力气，还可以保持体力与热量。

其实除了南极之外，企鹅也生长在热带地区，例如黑脚企鹅生长在非洲西南岸，加拉帕戈斯企鹅生长在东太平洋的加拉帕戈斯群岛上。有趣的是企鹅的栖息地全都在南半球喔！

动物王国——稀树草原

稀树草原通常分布于南北纬8度至20度的热带地区，在大片的草原上偶尔有几丛乔木和灌木。这个地区的草食性动物如水牛、斑马、角马、河马、犀牛和羚羊等，大多吃草原上的禾草维生，只有大象、长颈鹿等少数动物以通常有刺的乔木树叶或果实为主食。

非洲的稀树草原是地球上栖息最多动物的地区，广袤的土地上分布着树林与草原，成为草食性动物与肉食性动物的乐园。不过，这么多种类的动物同住在稀树草原，它们为了生存，彼此的竞争也非常激烈。体积庞大的大象和长颈鹿，只要有半点疏忽，很可能就会被狮子吃掉。而狮子为了不让自己挨饿，就必须拼命追捕草食性动物，并且要咬紧猎物，不被其他肉食性动物抢走。相对地，草食性动物绝对不可以脱离群体，为了活下去，必须比肉食性动物跑得快才可以。

稀树草原共有两个季节，六个月不下雨的旱季，与六个月下雨的雨季。每当到了雨季，草食性动物和肉食性动物就可以敞开肚子大吃大喝了，因为丰沛的雨量把河水涨满，草原上的草长得茂盛，于是草食性动物在这个季节生育下一代，而肉食性动物则趁机猎捕弱小的草食性动物。

可是等旱季来临时，所有的景象全都变了。草食性动物为了寻找水与食物而聚集起来，开始往博茨瓦纳（Botswana）的奥卡万戈（Okavango）三角洲移动。因为奥卡万戈就算在旱季，依旧河水丰沛、野草茂盛。等草食性动物大迁徙之后，肉食性动物开始面临艰苦的日子，为了喝水而四处寻找水洼，为了寻找猎物而筋疲力尽，甚至连万兽之王的狮子后代都有可能会被饿死。

最具代表性的沙漠动物

沙漠地区白天炽热，晚上气温骤降，那是因为沙子快速吸收白天的阳光，到了晚上又迅速地把热气散掉，所以昼夜温差非常大。

骆驼是最能适应沙漠环境的动物，由于背上隆起的驼峰里储存着脂肪，可以长时间不喝水也不会有生命的危险。加上不会陷进沙子里的宽大骆蹄，以及挡住沙尘的长睫毛，这些条件都让骆驼被誉为“沙漠之舟”。

沙漠里的动物为了躲避白天的酷热，几乎都在晚上活动。例如蝎子白天躲在石头底下，蜥蜴与耳廓狐则躲在沙洞里等待黑夜到来。耳廓狐的耳朵特别大，可以通过耳朵快速散热，来降低40摄氏度以上的体温，而且耳廓狐的耳朵布满如蜘蛛网一样细小的血管，可以更快速地调节体温。

生长在海里的动物

海洋占地球总面积的70%，不但广大无边，而且又深不见底。大海中藏着无数的秘密，就像谁都无法确定大海里到底有多少种鱼一样。海洋生态中，除了两栖类以外，我们还可以观察到鱼、龟、海豹、海鸟等动物，其中的主角当然是鱼类喽！现在我们就先来观察鱼的长相吧！

大部分的鱼类为了游得更快，身材进化成流线型，并且利用鳍来控制方向、速度及保持重心。它们的双眼为了承受住水压，包覆着像果冻般有弹性的外层。为了不让鱼鳞被水湿透，上面覆盖着一层黏液。身体两侧的侧线为感觉器官，可以感测水温、水流、水压、震动等。

身材呈流线型且纵向扁平的鱼游得比较快，而横向扁平的鱼则游得比较慢，例如魟鱼、牙鲆、比目鱼等都是为了适应海底环境，身体才会变得横向扁平，同时为了避免成为明显的猎物，还具有迅速躲进海底沙堆里的本领。

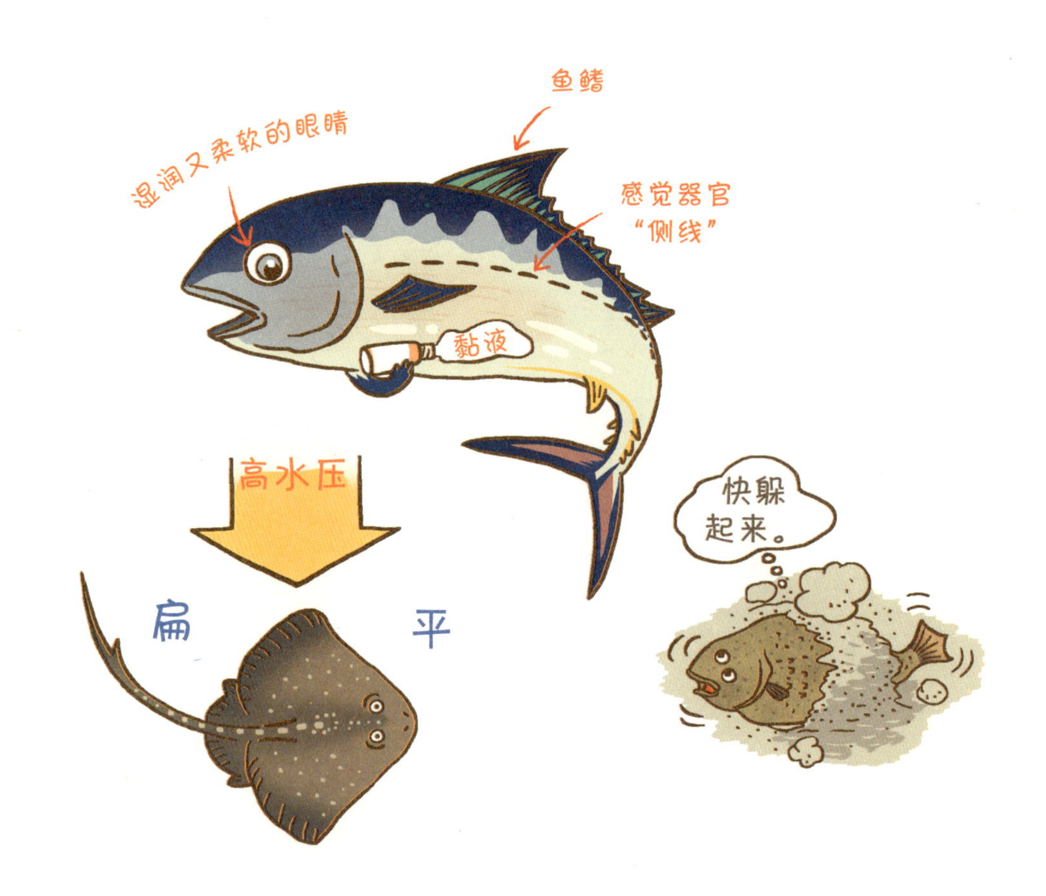

大海里流动着冰凉的寒流与温暖的暖流，这两种洋流在海里循环流动，来保持海水的温度。鱼类对水温非常敏感，只要水温突然产生变化，就会变得无精打采，所以鱼儿们都会随着适合自己温度的水流而移动。喜欢冰凉的乌鱼、鳕鱼等会跟着寒流游动；喜欢温暖的鲔鱼、鲭鱼则会随着暖流去旅行。

生长在湿地的动物

河水与海水挟带的沙土经过长时间在海岸边堆积，形成湿地。涨潮时湿地会被海水淹没，等退潮后，则露出暗色的泥滩。由于湿地含有丰富的营养，所以有很多动物在这里栖息，例如沙蚕、贝类、螃蟹、长蛸等，都在这里过着安乐的生活。

每年 11 月底以后，会有大批候鸟飞到上海崇明东滩湿地觅食休憩。其中一些还会继续飞往澳大利亚大陆，那里正值温暖的夏季。

中国是世界上湿地类型最齐全、数量最丰富的国家之一。到 2004 年底，中国已建立湿地自然保护区 353 处，其中上海崇明东滩湿地、青海湖的鸟岛、湖南洞庭湖、香港米埔、黑龙江省兴凯湖等 41 处湿地已被列入国际重要湿地名录。

动物的求生术

动物之间大多处于吞食与被吞食的敌对关系，但也有和睦相处的动物。不过基本上，壮硕的动物必须在猎物争夺战中获胜才能继续生存，而弱小的动物则必须想尽办法保护自己来传宗接代。接着我们就来看看动物们都用什么战术求生存吧！

肉食性动物的武器

老虎利用锐利的爪子抓住驯鹿，然后用尖锐的牙齿撕裂它的身体。

黑夜里眼睛明亮的猫头鹰用利爪猎捕老鼠。

毒蛇咬住兔子，并把毒液注入其体内，将它毒死。

肉食性动物就是利用这些强而有力的武器来猎食与战斗。

弱小动物的求生术

变色龙靠着多变的肤色，把自己伪装得与周边环境一样，来欺骗天敌；鳀鱼靠集体活动来保护自己；刺猬把全身像针一样的刺竖起来，让狼不敢咬它；小环颈鸻伪装成受伤的样子，来引开想要接近鸟蛋的黄鼠狼。以上的行为都是弱小动物的求生术。

一起吃住的共生动物

当鳄鱼张开嘴巴时，埃及鸻就会飞来，吃鳄鱼牙缝里塞的残渣，这样鳄鱼的牙齿变干净，埃及鸻也填饱了肚子，真是一举两得啊！海葵黏在寄居蟹的外壳上到处去旅行，寄居蟹虽然觉得很重，可是海葵用有毒触手帮它赶走天敌，所以寄居蟹还是很感谢海葵吧！像这样动物相互帮忙的关系称为“共生”。

住在地底的动物

有的动物住在地底，觉得这里比外面的世界更安全。例如蚯蚓在土里钻了好多洞，吃泥土里的养分，也在土里大便，使得这里的土壤养分多空气又流通，在这里生长的植物都特别茂盛。东方蝼蛄与鼹鼠由于前脚发达很会挖土，所以东方蝼蛄俗称“土狗子”，鼹鼠则被称为“穿地鼠”。这两种动物在地底钻洞跑来跑去，专吃植物的根与幼虫。

冬眠的动物

到了冬天，觅食困难又怕冷的动物基本上都会冬眠。例如青蛙与蜥蜴躲在地底，蛇与松鼠躲进洞里，蝙蝠在洞穴里睡觉，黑熊在石窟和树干下冬眠。这些动物在冬眠前，都会大量地进食，储备能量以维持到春天，不过松鼠会特别把橡果与栗子囤积在洞里，再陆续拿出来吃！

人类与动物的关系

生长在大自然里，过着群体生活的动物，我们称之为“野生动物”。在这样的自然生态里，生产者与消费者形成金字塔的结构，维持很有秩序的关系，换句话说，越是弱小的动物，数量越多，而越强壮的动物，数量越少。不论什么原因，如果有一天草食性动物灭绝，那么下一波就要轮到肉食性动物了，因为总不能让肉食性动物每天都吃草吧！

站在金字塔最顶端的人类

根据生态金字塔理论，人类是站在最顶端的猎食者。由于动物向人类提供了最好的蛋白质，因此从旧石器时代开始，动

小常识

生态金字塔的能量转换消耗率

生态金字塔各层级间的能量转换消耗率大约为90%，以水生生物为例，1000 千克浮游植物可转变成100 千克的浮游动物组织，而 100 千克浮游动物可转变成 10 千克的鱼，而 10 千克鱼大约可让人多长 1 千克组织。因此食物链越短，经由转换而消耗的能量就越少。

物便成为人类餐桌上的食物，到了新石器时代，甚至被人类饲养以便日后食用。

其实我们餐桌上的牛、猪、鸡、鸭等，在新石器时代被人类开始饲养之前，全都属于野生动物。

只要能吃的都吃进肚子里

人类除了利用动物的皮与毛来御寒之外，主要是为了填饱肚子而猎捕野生动物。就像中国之所以成为料理大国，就是因为中国人长期料理着各种动物，发扬了饮食文化。有人开玩笑地问中国人，有什么东西是不能吃的，他们回答说："长腿的桌子、有翅膀的飞机、会潜水的潜水艇。"

基本上各国肉类料理都是以周边的动物作为食材，例如有些爱斯基摩人仍然生吃海豹肉，热带原住民则以甲虫幼虫来补充蛋白质。甚至某些地方还有人炸蝎子、烤蜥蜴、煮鳄鱼肉、烤猴子来吃呢！

动物会成为食材，一定与当地的传统有密切关系，因此有些不被我们重视的食材，很有可能是某些国家特别爱好的料理，就像东亚人觉得蚕蛹很好吃，可是西方人连看都不敢看一眼。

问题是我们不能打着吃补的旗号，就去猎捕珍贵的稀有动物，并把它们吃掉。就像过去在清澈的溪流里有很多青蛙，可是不知从什么时候开始，这些青蛙成为人类食补的材料后，都快变成稀有动物了。

消失的动物

当人类的数量增加后，连带地使动植物的栖息地遭受到破坏。人类为了生存，于是把树砍光了，把山铲平了，把草原辟成一栋栋的房子。从动物的立场来看，大自然的绿地减少，意味着它们生存的空间也跟着缩小，再加上人类滥杀滥捕动物，让更多的动物陷入困境，结果不知不觉中有越来越多的动物“濒临灭绝”。

需要保护的动物

北极熊：因为北极的冰原融化，无法猎捕海豹等动物而面临饥饿。

粉红江豚：由于亚马逊丛林被过度开发、河水被污染，生存越来越困难。

墨西哥钝口螈：俗称六角恐龙，由于长相可爱，被人类视为观赏用的宠物而大量捕捉，数量锐减。

大熊猫：中国特有的动物，因栖息地遭到破坏，只能靠设立保护区来繁殖后代。

蓝鲸：地球上体型最大的动物，过去因为滥杀滥捕，现今可能只剩下 5000 只存活。

中国国家重点保护野生动物

中国是世界上野生动物种类最为丰富的国家之一。据统计，中国约有脊椎动物 6266 种，占世界种数的 10% 以上。其中兽类 500 种，鸟类 1258 种，爬行类 412 种，两栖类 295 种，鱼类 3862 种。许多野生动物属于中国特有或主要产于中国的珍稀物种。1989 年 1 月 14 日，经国务院批准，中国开始施行《国家重

点保护野生动物名录》。根据中国《野生动物保护法》和有关法律，这份名录共列出国家一级重点保护野生动物 96 个种或种类，如大熊猫、金丝猴、长臂猿、白鳍豚、中华白海豚、中华鲟等；列出二级重点保护野生动物 160 个种或种类，如猕猴、黑熊、金猫、马鹿、黄羊、天鹅、江豚、玳瑁、文昌鱼等。名录还对水生、陆生野生动物作了具体划分。

栖地破坏是保护类野生动物生存的最大威胁，因栖地进行水泥化工程，或受到土石流、筑路及高架桥梁等施工破坏，幼虫或幼体无法生存，族群量迅速下降。加上过去人为的滥捕、大量外来入侵物种的威胁，野生动物的家园大量消失，面临着族群消失的危机。

当某些动物的数量减少后，人类会想尽办法保护并增加它们的数量。为什么呢？因为动物具有环境指标的作用，也就是说，这是一种“当我们活不了时，你们人类也活不下去”的警告，所以环保团体强调，人类必须与动物相互依靠生存，努力保护动物。可是我们至今仍然在消灭动物后再来拯救动物，总是以发展的理由，开着推土机破坏环境，然后再来想办法恢复。

拉马莱拉（Lamalera）捕鲸村

鲸鱼属于国际保护动物，联合国粮农组织（FAO）禁止以食用为目的而猎捕鲸鱼，可是世界上有个特准捕鲸的地方，那就是被称为捕鲸村的印度尼西亚拉马莱拉小岛。住在拉马莱拉的居民，自古以来便以捕鲸为生，而且那里除了鲸鱼外，没有什么其他鱼类可以捕捉，于是联合国粮农组织允许拉马莱拉居民捕鲸，但规定一年只能猎捕十只。虽然捕鲸获得准许，可是拉马莱拉居民的生活依旧面临危机，因为鲸鱼屡屡在该村近海遭到捕杀，许多鲸鱼只愿留在遥远的大海里，不再游到海岸边。

鲸鱼面临危机

鲸鱼虽然已受到保护，数量却无法增加，是什么原因呢？鲸鱼通常两到三年里只生一只幼鲸，不会大量繁殖，因此数量

增加不很明显，加上鲸鱼有时候会集体来到海边搁浅死亡，有人称之为“集体自杀”。至今仍未查明鲸鱼为何做出这种行为，科学家们只能推测“大海水温产生变化，造成敏感的鲸鱼自杀”，或“海上船只所传出的音波所导致”。

其实鲸鱼自杀对它们的总体数量影响不大，倒是人类的因素造成了鲸鱼大量减少。例如，部分鲸鱼因为被渔夫撒下的渔网困住而毁了一生。全世界每年被渔网困住而死亡的鲸鱼有数

百只。另外有些人把鲸鱼当成商品，开着捕鲸船四处猎捕，其中日本不顾国际禁止猎捕鲸鱼，以科学研究为名，平均每年捕杀约 1000 只鲸鱼。事实上有些美食家为了满足口腹之欲，神不知鬼不觉地把鲸鱼吞进了肚子里。目前估计，每年还是大约有数千只鲸鱼或海豚进了人类的肚子。

被人类灭绝的动物

巴巴里狮生长在非洲，鬃毛很长，可达到腹部，是非常漂亮的狮子。古时候罗马人把捕捉到的勇猛的巴巴里狮，关进古罗马竞技场，让罪犯与狮子搏斗。巴巴里狮自从被人类视为硕壮又勇猛的动物后，从此命运坎坷，1922 年生存在野地里的最后一只巴巴里狮被人类射杀，由此完全灭绝，目前全世界只有不到一百只人工饲养的巴巴里狮。

斑驴从头到背像斑马，从背到尾巴则像驴子。1652 年南非成为荷兰人的殖民地后，斑驴遭到滥杀的命运，而荷兰人滥杀斑驴的理由竟然是它的长相特别，结果野生斑驴在 1878 年完全

灭绝。之后生存在阿姆斯特丹动物园里的唯一一对雌雄斑驴，在没有产下任何后代的情况下，于 1883 年死亡。

红瞪羚是生长在北非的一种羚羊，有着一身光亮美丽的肤色，所以它们的皮非常受人类喜爱。于是阿尔及利亚人大量猎杀红瞪羚，把肉留着自己吃，皮则卖给白人，结果红瞪羚的数量锐减，到了 1940 年，就再也见不到红瞪羚的踪影了。

恐鸟生长在新西兰岛上，长得有点像鸵鸟，体型小的约有火鸡那么大，体型大的可高达三米。恐鸟没有天敌，但波利尼西亚人（Polynesians）来到岛上后，吃恐鸟的肉，用恐鸟的骨头做成箭及装饰品，甚至于拿恐鸟的蛋壳当碗来使用，导致恐鸟灭绝。

出了问题的生态金字塔

在生态金字塔的结构中，如果人类消失的话，自然生态一定会以惊人的速度恢复原貌，因为破坏大自然生态的罪魁祸首，就是我们人类。

在自然界里控制动物数量是件非常重要的事情，一旦位于金字塔顶端的肉食性动物如狼、老虎等全部灭绝，自然生态将会面临很大的危机。因为在自然生态中，都要靠肉食性动物猎捕草食性动物，来控制草食性动物的数量，如果肉食性动物不见了，那么草食性动物的数量就会持续大量增加，而最底层担任生产者的植物渐渐无法充分供应，最后会被吃得精光，整个生态金字塔因而瓦解。

国际自然保护联盟 2008 年更新的红色名录中，“受威胁”（包括极危、濒危及易危三个级别）的动物有 8462 种。“极危”是指野生种群面临即将绝灭的概率非常高，例如：红狼、东北虎、亚洲猎豹。“濒危”是指其野生种群在不久的将来面临绝灭的概率很高，例如：蓝鲸、大熊猫、亚洲豺犬。“易危”是指在中期内可能面临比较高的灭绝威胁，例如：大白鲨、巽他云豹、眼镜熊。

有些物种虽尚未从地球上消失，但在野外已找不到它们的踪迹，称为“野外灭绝”，其残存个体正被保护团体、动物园或个别繁殖家圈养。虽然这些野外灭绝的物种仍有可能再被引回其原产地，但由于原产地的生态环境已受破坏或残存个体数量稀少，这些物种的前途仍不乐观。

不管是完全灭绝还是野外灭绝，一个关键物种的灭绝都可能破坏当地的食物链，造成生态系统的不稳定，并可能最终导致整个生态系统的崩解。因此科学家及保护团体一方面积极立法保护，另一方面进行复育，包括人工繁殖、饲养及野放。但大自然就是这么冷酷，被人类破坏掉的生态金字塔，绝不会那么容易恢复的。

某些地区的狼或豹在山林中消失后，山猪没有了天敌，数量快速增加，导致食物不够吃，山猪便开始啃食树皮破坏林木，或是入侵农地偷吃农作物。而北美洲的黑足鼬被列入“野外灭绝”物种后，土拨鼠等啮齿目动物少了主要的天敌，开始大量繁殖，挖掘地道危害植物的根或球茎，并造成土层松动，破坏根系生长，导致植株枯萎死亡，把当地农夫种植的农作物全都毁了。

动物传染的疾病

人类与动物频繁接触后，可怕的疾病就越来越多了。例如禽流感、猪流感等本来只有动物感染的疾病，一旦出现新的病毒后，连带人类也开始被感染。

原本只有鸟禽类感染的禽流感，由于病毒（H5N1）变种，1997年在中国香港爆发了人类传染禽流感的案例，引发全球大恐慌。当人类感染禽流感时，会发高烧、呼吸困难，并有可能导致死亡，而饲养的鸡要是感染禽流感几乎必死无疑。

还有原本只会感染猪的猪流感，2009年在墨西哥出现新病毒，传染给人类，此病毒名为H1N1新型流感病毒。主要病征有：发烧（高于37.8摄氏度）、肌肉疼痛、咳嗽、喉咙痛、鼻塞，甚至呕吐和像痢疾的病征。

当动物传染病毒给人类后，人类开始研发治疗药剂，然而病毒与细菌却在与药剂对抗过程中变得更强壮，出现新种病毒继续攻击人类。问题是这种现象为什么不断地发生呢？那是环境被污染所造成的，换句话说，干净卫生的环境会让病毒与细菌无法生存。

自古以来，人类为了大量摄取肉类，饲养猪、牛、鸡等家畜，并且选择了既能节省饲料，又能让家畜快速成长的方法来饲养，于是把家畜困在狭窄的空间里，养得肥嘟嘟的。结果就在这样的饲养过程中，家畜的排泄物污染了畜舍，肮脏的畜舍是病毒蔓延的温床，很快地家畜一只只染病。人类为了防止家畜生病，给家畜注射抗生素，病毒虽然因为抗生素而奄奄一息，却没有完全被消灭，反而在畜舍里潜伏，等待着新种的病毒诞生，而新诞生的病毒会进一步地攻击人类。所以只要环境卫生不佳，病毒随时都会变种来攻击人类，而我们人类如果还这样继续破坏环境，不断地污染空气与水质，那么未来将要面对更厉害的病毒。

过去有种让人听了就害怕的传染病横扫欧洲，那就是“黑死病”。所谓的黑死病，就是跳蚤吸了感染鼠疫杆菌的老鼠的血后，接着再去叮咬人类时传染给人类，被感染的人类会吐血，皮肤变黑，因此称为“黑死病”。从 1340 年到 1700 年，欧洲持续爆发了约 100 多次的黑死病大传染，蔓延整个欧洲，导致大约 2500 万人死亡。这主要是因为当时的欧洲老鼠猖獗，再加上处于战乱时期，欧洲人根本顾不了卫生的关系。

“肾症候性出血热”是一种野鼠的排泄物与人接触而产生的疾病，被感染后会出现发高烧、眼睛充血、出血等症状。韩国李镐汪博士在野鼠的肺里发现汉他病毒后，研发了可治疗汉他病毒的药物。

危险的牛

最近有些地方为了进口美国的牛肉而吵得沸沸扬扬，那是因为美国的牛肉含有瘦肉精，而且美国牛是罹患疯牛病的高危险群。所谓的疯牛病是指牛的脑部萎缩及大量神经细胞死亡的疾病。疯牛病不会通过空气传染，但人类若吃了病牛的内脏、脊髓、骨头或碎肉，便可能被感染，目前英国与美国已有人因为疯牛病而丧命。

无论禽流感还是新变种的禽流感，都是通过空气传染，而疯牛病却是通过吃病牛的内脏、脊髓、骨头或碎肉而感染，就算煮熟了吃也一样会被感染，还好人类吃其他部位的牛肉而感染疯牛病的概率很低。

引发疯牛病的主要原因，是人类给草食性动物的牛喂食了掺有肉类的饲料。所谓掺有肉类的饲料，是指把鸡、猪的内脏搅碎后，与谷类混合而成的饲料。因此所谓的疯牛病，全都是因为喂食了错误的饲料给牛吃，牛的健康被破坏所致。那美国畜牧业者为什么要喂牛吃掺有肉类的饲料呢？因为吃掺有肉类饲料的牛，比吃五谷饲料成长得快，饲养者可以因此赚更多的钱。这种人为了让自己获得更大的利益，不仅让牛生了病，也带给人类巨大的恐慌。

宠物的疾病

现在有越来越多人饲养宠物，于是观赏用及被当成家人一样饲养的动物也越来越多。疼爱动物、照顾动物是件令人开心的事情，可是后遗症也不少，尤其一方领养动物，而另一方遗弃动物的事情不断上演。问题是动物不是人类的附属品，它们是这大自然的一分子。还记得我在前面说过的话吗？动物与人类都处于同等的地位，所以当你决定要饲养宠物时，就必须努力地让自己负责照顾到底。

当你真的很想拥有宠物时，首先应该了解你要养的宠物适合什么样的环境，然后必须搞清楚要养的宠物会有哪些传染病。这是件非常重要的事情喔！

例如被狗咬到时，很有可能罹患破伤风与狂犬病。所谓的破伤风，是一种细菌入侵伤口后，整个身体麻痹的疾病；所谓的狂犬病，是一种病毒在伤口里扩散，导致急性脑膜炎的疾病。

还有被猫的爪子抓到时，很有可能罹患猫抓病。猫抓病会让淋巴腺肿大，出现头痛、发红疹等症状。除了猫抓病之外，养猫还会因为碰触猫的粪便，人类很有可能因而被“弓浆虫”寄生。除此之外，乌龟、蜥蜴、绿鬣蜥、蛇等爬虫类的皮肤上也带有一种沙门氏杆菌，此菌进入人体时会引发食物中毒。

防止宠物生病，除了打预防针之外，一旦生病还需要持续性地照顾与治疗，所以想养宠物的你，必须常帮宠物洗澡，让宠物有个干净的环境才可以喔！

另外要特别注意的是，如果家里有过敏或气喘的人，那么最好不要养有毛的宠物，因为动物毛里寄生的螨虫与跳蚤，会让这些病更严重。

人类与环境

人类主宰着地球，并且随心所欲地对待大自然，把大自然当成自家客厅一样，为了开采石油而到处钻洞，为了获得资源把整个地球挖得坑坑巴巴，而且还霸占动植物生长的栖息地任意使用。有时候不禁会想，大自然很不幸地遇到了这样一个主宰者，真是受苦受难啊！

人类一天所使用的纸张大约有100万吨，换句话说，每天将有100万棵重一吨的树木变成纸张而消失不见。就只是这样吗？不！依赖这100万棵树木生活的动物也跟着消失不见了。通常一棵树可以提供一千只幼虫、三百只成虫、两只松鼠、黄尾鸲一家七口过活，如果你觉得人类需要大量木材而必须砍掉更多树木，请问还会有多少动物跟着消失呢？

目前我们环境的最大问题，就是二氧化碳排放量不断增加造成地球变暖，加速生态的失衡。而地球上可以消除二氧化碳的，就是植物，换句话说，担任生产者的植物吸收二氧化碳后，可以制造出新鲜的氧气，由此可见，植物在生态环境中扮演着很重要的角色。

国际能源署于2011年10月发布的燃料燃烧二氧化碳排放量统计数据显示，中国内地2009年燃料燃烧二氧化碳排放总量为68.007亿吨，全球排名第1位；但每人平均排放量为5.11吨，远低于发达国家。根据碳排放抵消标准的程序计算，一个人必须要在半个足球场大的面积里，种植3900棵松树，才能把排放的二氧化碳化为零。还有为了节能减碳，把大型车换成小型车时，就等同于种了870棵树的功效，而把中型车换成小型车时，就等同于种了312棵树。除此之外，如果把冷气的温度调高、使用省电的冰箱、把白炽灯换成LED灯等，都对减少排放二氧化碳有很大的帮助。

绿色植物在大自然环境中，提供了动物们生存的最根本能源，所以我们必须记得不是我们主宰了大自然，而是大自然主宰了我们。现在大自然虽然沉默地忍受着人类对环境的破坏，导致生态失去平衡，可是总有一天，它会大反击，而且最有可能以自然灾害的方式出现在人类面前，所以我们必须细心地观察忍气吞声的大自然。

哲学家斯宾诺莎（Baruch Spinoza）曾经说过："即使明天世界末日，今天我也要种植苹果树。"你从这句话中看到"放下自己的利益，造福人类"的心意了吗？有了今天，才有明天，有了明天，才有历史可以写。我们现在是不是正在进行砍掉

1000 棵树的事情呢？无心丢掉的一张纸，其实就等于砍掉一棵树，所以大家千万记住，这样做就是在逼迫可怜的动物陷入灭绝的危机！

动物常识问答

各位读者已经了解动物的相关问题了。现在就来测试一下，看你到底了解多少。

01 在大自然里 ______ 是生产者，动物是 ______ 。

02 长有脊椎的动物称为 ______ 动物。

03 哺喂母乳来养育幼仔的动物，我们统称为 ______ 。

04 蜥蜴和鳄鱼是爬虫类。（○×）

05 青蛙是两栖类最具代表性的动物。（○×）

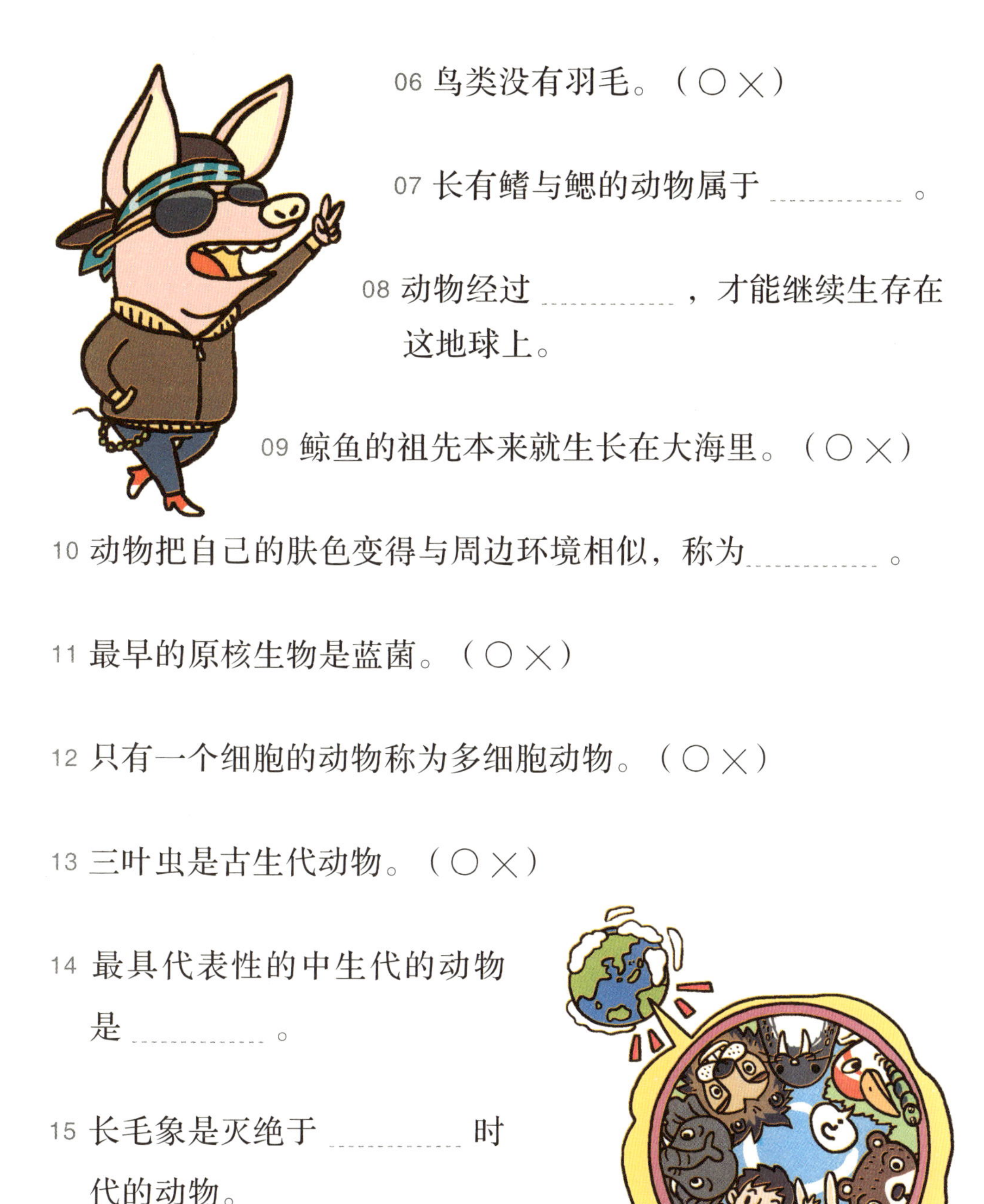

06 鸟类没有羽毛。（○ ×）

07 长有鳍与鳃的动物属于 ______ 。

08 动物经过 ______ ，才能继续生存在这地球上。

09 鲸鱼的祖先本来就生长在大海里。（○ ×）

10 动物把自己的肤色变得与周边环境相似，称为 ______ 。

11 最早的原核生物是蓝菌。（○ ×）

12 只有一个细胞的动物称为多细胞动物。（○ ×）

13 三叶虫是古生代动物。（○ ×）

14 最具代表性的中生代的动物是 ______ 。

15 长毛象是灭绝于 ______ 时代的动物。

16 动物进化的顺序为 ____________ →两栖类→ ____________ →鸟类→哺乳类。

17 北极熊生长在南极。（○ ×）

18 企鹅只分布在南半球。（○ ×）

19 世界上最大的动物王国——稀树草原位于 ____________ 大陆。

20 耳廓狐利用 ____________ 来散热。

21 鱼类身体两侧的感觉器官，称为 ____________ 。

22 海边的泥滩称为湿地。（○ ×）

23 蚯蚓是环节动物。（○ ×）

24 吃草的动物称为肉食性动物。（○ ×）

25 蛇与松鼠在冬天时都会 ____________ 。

26 在地球上完全消失的动物称为 ____________ 。

27 鲸鱼是属于胎生的哺乳动物。（○ ×）

28 当草食性动物消失时，__________ 也无法生存。

29 疯牛病主要是 __________ 罹患的疾病。

30 当植物消失时，人类也将面临灭绝的命运。（○ ×）

01 植物，消费者 | 02 脊椎动物 | 03 哺乳类（哺乳动物） | 04 ○ | 05 ○ | 06 × | 07 鱼类 | 08 进化 | 09 × | 10 保护色 | 11 ○ | 12 × | 13 ○ | 14 恐龙 | 15 新生代 | 16 鱼类，爬虫类 | 17 × | 18 ○ | 19 非洲 | 20 耳朵 | 21 侧线 | 22 ○ | 23 ○ | 24 × | 25 冬眠 | 26 灭绝动物 | 27 ○ | 28 肉食性动物 | 29 牛 | 30 ○

动物相关名词解说

草食性动物：只吃植物的动物。

肉食性动物：猎食大小动物为食的动物，又称为猎食动物。

天敌：专门捕食或危害另一种生物的物种。例如青蛙捕食蚱蜢，所以青蛙是蚱蜢的天敌。

有机物：主要由氧元素、氢元素、碳元素组成，是生命诞生的物质基础。

食物链：表示物种之间的食物组成关系。

灵长目：猿猴类的哺乳动物。

类人猿：高等灵长类，没有尾巴的猿猴。

种：生物分类中的最基本单位，是指可交配繁殖的某群体。

进化：生物为了适应环境而改变的过程。

地质：地壳中岩石的种类、成分、分布和结构。

刺胞动物：过去称为腔肠动物，现在分类为刺胞动物与栉水母动物。

绦虫：一种寄生在动物体内的寄生虫。

原核生物：地球上最早进化且最原始的单细胞生物，没有完整的细胞核。

细胞：形成生物体的最基本单位。

盘古大陆：古生代至中生代期间形成的一大片陆地。

细菌：最小的单细胞生命体，自己可以制造能量与蛋白质。

核酸：在生物的遗传及蛋白质合成中，是不可或缺的物质。对生命的成长、维持扮演着很重要的角色。

RNA（核糖核酸）：重要的生物大分子，由核糖核苷酸组成。

DNA（脱氧核糖核酸）：一种生物大分子，可组成遗传指令，引导生物发育与生命机能运作。

光合作用：植物利用叶绿素，在太阳光的照射下，将二氧化碳、水等转化为养分的过程。

臭氧层：离地面 20 ~ 25 千米的大气层。臭氧层会吸收对生物及人体有害的紫外线。

单细胞：体内只有一个细胞的生物。

多细胞：体内有很多个细胞的生物。

腔棘鱼：生长在深海里的鱼，被称为“活化石”。以前以为只生长在古生代泥盆纪到中生代白垩纪之间，却于 1938 年在南非共和国东海岸被发现。

湿地：湿气较重，浸泡在水里的生态区，拥有许多动植物资源。

冰河期：雪和冰覆盖地球的时期。

间冰期：介于冰河期和冰河期之间，因为雪与冰融化而变温暖的时代。

有袋类：把幼仔放在育幼袋里养育的哺乳动物，例如袋鼠、负鼠、树袋熊等。

三角洲：江河从中上游挟带下来的泥沙，在入海的河口处堆积形成的三角状平原。

共生：生物间互助互利共同生活的现象。

甲虫：独角仙、天牛、步行虫等鞘翅目昆虫的统称。全身覆盖着硬壳，前翅坚硬。

生态金字塔：根据食物链以金字塔的形式，表示出自然界里的生物的数量比重。

滥捕：猎捕过多动物或鱼类的行为。

盗猎：非法猎捕野生动物。

国际保护动物：是指根据国际自然保护联盟指定，在国际上特别需要保护的动物。

捕鲸船：专门猎捕鲸鱼的船。

IUCN 红色名录：1963 年起由国际自然保护联盟编制及维护，是关于全球动植物物种保护现状最全面的名录。

病毒：在动植物体内繁殖的微生物。

流行性感冒：通过病毒造成呼吸道感染的感冒。

传染病：通过具有传染性的细菌与病毒等感染的疾病。

空气污染：空气被煤烟、灰尘、二氧化碳等混合后，变得污浊的现象。

水质污染：水被家畜粪便、人类生活、工厂等排放的废弃物所污染的现象。

索引

十一画